YOUR KNOWLEDGE HAS VALUE

- We will publish your bachelor's and
  master's thesis, essays and papers

- Your own eBook and book -
  sold worldwide in all relevant shops

- Earn money with each sale

Upload your text at www.GRIN.com
and publish for free

Bibliographic information published by the German National Library:

The German National Library lists this publication in the National Bibliography;
detailed bibliographic data are available on the Internet at http://dnb.dnb.de .

This book is copyright material and must not be copied, reproduced, transferred,
distributed, leased, licensed or publicly performed or used in any way except as
specifically permitted in writing by the publishers, as allowed under the terms and
conditions under which it was purchased or as strictly permitted by applicable
copyright law. Any unauthorized distribution or use of this text may be a direct
infringement of the author s and publisher s rights and those responsible may be
liable in law accordingly.

Imprint:

Copyright © 2015 GRIN Verlag
Print and binding: Books on Demand GmbH, Norderstedt Germany
ISBN: 9783668853218

This book at GRIN:

https://www.grin.com/document/453074

Oleg Gradov

Novel Bioacoustic Methods for Marine Faun Research

GRIN Verlag

GRIN - Your knowledge has value

Since its foundation in 1998, GRIN has specialized in publishing academic texts by students, college teachers and other academics as e-book and printed book. The website www.grin.com is an ideal platform for presenting term papers, final papers, scientific essays, dissertations and specialist books.

Visit us on the internet:

http://www.grin.com/

http://www.facebook.com/grincom

http://www.twitter.com/grin_com

НОВЕЙШИЕ БИОАКУСТИЧЕСКИЕ МЕТОДЫ ДЛЯ ИССЛЕДОВАНИЯ МОРСКОЙ ФАУНЫ

Градов О.В.

ИНЭПХФ РАН

Предлагаются кардинально новые принципы многофакторного анализа биоакустических сигналов морской фауны на базе комплексного спектрального анализа по различным переменным – "биоакустического фингерпринтинга".

NOVEL BIOACOUSTIC METHODS FOR MARINE FAUN RESEARCH

Gradov O.V.

INEPCP RAS

A novel approach for multiparametric analysis of the marine faun bioacoustic signals based on a complex spectral analysis of different descriptors (a so-called "bioacoustic fingerprinting") is proposed.

1. Основные проблемы стереотипного биоакустического анализа.

Несмотря на десятилетия, прошедшие со времени начала автоматизированных работ по биоакустике морской фауны, наиболее распространенным инструментом анализа являются представления в амплитудно-временной (осциллограмма), частотно-амплитудной (спектры и амплитудно-частотных характеристики) и частотно-временной (сонограмма / динамическая спектрограмма) координатных системах. Поэтому основными принимаемыми моделями для описания свойств биоакустического сигнала являются модели (а, следовательно, – и методы), основанные на упрощенных представлениях об амплитудной и частотной модуляции (АМ и FM соответственно) [1-3], заимствованных из радиофизики. Распространение компьютерных анализаторов акустического спектра, доступных любому специалисту, обладающему ЭВМ с качественной звуковой картой или другим весьма средним по техническим характеристикам АЦП (аналого-цифровым преобразователем), начиная с 1990-х гг. [4-7], привело к ситуации, когда распространенный софт, включающий в себя в большинстве случаев только алгоритмы анализа, работающие в вышеуказанных координатных сетках, стали «диктовать» технологии анализа данных биоакустикам, не владеющим в полной мере мастерством программирования и расширенным математическим аппаратом, необходимым для более глубокого погружения в понимание процессов на физическом / биофизическом уровне. Как отмечалось уже в 1990-х годах [8], «эта простота доступа увеличивает потенциал для неправильных методов или же неправильной интерпретации результатов». Единственным выходом, логически вытекавшим на тот момент из этого положения дел, был переход от *анализа* данных к их *идентификации* (по базам данных или одних с другими – ранее опознанными) и *сопоставлению* без учета их специфики и приуроченности к экологическим, этологическим, гидроакустическим и иным условиям среды и их физиологической генерации; в той же работе [8] предлагается софт для кросс-корреляционного анализа биоакустических сигналов, который «является кандидатом на замену или дополнение визуального сравнения спектрограмм и их многомерного анализа, будучи методом поиска при сравнения звуков. С увеличением доступности программного обеспечения … со встроенными методами кросс-корреляции, процедура анализа становится доступной для биологов, которые не могут иметь обширные знания акустики». Произошел процесс, эквивалентный происходившему в то же время в спектрохимическом анализе, когда внедрение технологий компьютерной аналитики (COBAC) [9] и распространение принципов спектрального анализа в рутинную аналитическую химию (где специалисты, работавшие из первых принципов, отсутствовали) привело к замещению «старой школы» спектрохимиков с её успехами в осмысленной *расшифровке* спектров пришла молодая плеяда специалистов по автоматизированной *идентификации*, заместившая понятия «расшифровки», «установления физических соответствий» понятиями спектрального *фингерпринтинга* (практически во всех распространенных спектральных методах [10-13]), а затем и спектральным *футпринтингом* [14], индифферентным к источнику сигнала, что заведомо не несло эвристической ценности в аспекте понимания механизмов и способов их регуляции [15].

Существенный отпечаток наложила методологическая инерция и стереотипный подход к анализу данных (униформизм к ранним источникам, анализировавшимся каким-то методом или техническим комплексом, для воспроизводимости сравнения с которым необходимо его многократное копирование во всех работах, изучающих исследовавшийся с его применением объект). Вследствие этого, несмотря на то, что любая ЭВМ индифферентна к переменным и дескрипторам, вычисляемым на ней, после появления ПК и, особенно, IBM-PC-совместимых платформ, сопрягаемых со звуковыми картами и АЦП достаточной разрядности, первыми из воспроизведенных на них эмулируемых биоакустических устройств были сонографы [16,17], известные также как динамические спектрографы, визуализировавшие зависимость спектра – амплитудно-частотной зависимости – от времени. Субъективность сопоставления графиков сонограмм визуальным путем, равно как и машинным распознаванием графических образов сонограмм с использованием нейронных сетей, но при отсутствии выделения дескрипторов, отличных от визуально наблюдаемых, подчеркивалась ещё в 1990-х , однако паллиативные и конвенционные решения, выбиравшиеся *ad hoc*, по удобству реализации, не раскрывали тот массив эвристически-ценной информации, который характеризовал биоакустический сигнал. Нельзя всерьёз воспринимать заявления из статьи [18] «были некоторые попытки уменьшить субъективность и увеличить повторяемость этого подхода, например – путем отслеживания сонограмм на бумаге и изучения областей перекрытия или несоответствия с использованием статистических данных», поскольку статистическая обработка по дескрипторам, не несущим достаточно полную информацию о процессе, не приносит новой и достаточно полной для его качественного описания информации. Несмотря на это, и в последующих работах, ведших к созданию средств биоакустического контроля, основанных на нейросетевых алгоритмах или иных методах кластеризации и автоматизированной классификации, переменные обычно не отличались от амплитуды и частоты, а модели, построенные на их основе, не могли как-либо отличаться от AM- и FM- подобных упрощений.

Проиллюстрируем последний тезис рядом репрезентативных примеров, преднамеренно специально не рассматривая ряд ранних работ, в которых напрямую указывается частотно-временной характер анализа (даже когда речь идет о достаточно продвинутых методах DSP – типа преобразования Гильберта, автокорреляционное детектирование тонов, кепстральный и вейвлетный анализ, преобразование Вигнера-Вилла для анализа нестационарных сигналов и т.д. [19]). Одна из первых работ в области общедоступного расширенного анализа измерений биоакустических характеристик (этими измерениями, очевидно, являются первичные файлы записей) была работа [20], описывавшая ПО LMA, предназначенное для частотно-временной аналитики существенно зашумленных и имеющих гармоники или же нелинейные искажения биоакустических данных. Анализ количества и расположения доминирующих частотных или импульсно-временных диапазонов LMA осуществляет по амплитудным экстремумам, т.е. по порогу, зависящему от распределения амплитуды в соответствующем сегменте. Также LMA-алгоритмы осуществляют параметризацию, характеризующую распределение амплитуды по частотно-временным координатам – как медианы и 1-го и 3-го квартиля общей амплитуды, а также определяют статистические значения амплитуд и их распределение по временной оси (начальное значение, минимум, максимум, модуляция). Вполне очевидно, что LMA – более статистический, чем DSP-ориентированный пакет, который не *извлекает* информацию путем анализа исходных данных, а *вычисляет* статистику по уже представленным в доступном для анализа формате представления данных. Другая, более поздняя работа по автоматическому анализу акустических параметров [21] предлагает реализовывать оценку основной частоты и статистически-доминирующих частотных диапазонов, на основе чего считать распределение спектральной энергии \ мощности (что является, в противовес ранним субъективным типам и техникам анализа, весьма объективным аддитивным критерием), но, при этом, единственным опорным критерием даже для двухканальных файлов \ регистрограмм является частота или импульсная плотность в секунду. Фаза и другие характеристики сигнала игнорируются даже в тех случаях, когда они существенны для энергетического анализа файлов биоакустического сигнала, хотя для специалистов, работающих с MATLAB, часто встречающихся в техниках биоакустических групп [22], экстракция данных характеристик не представляет труда. Как следствие ограниченности массива параметров на стадии первичной обработки измерений (и самих измерений), ограничены массивы сравниваемых величин в компаративном анализе – в частности, в корреляционном анализе биоакустического сигнала, а значит – и в методологии автоматизированной классификации биоакустических данных. Кросс-корреляционный метод анализа, применяемый наряду с методом главных компонент PCA в классификации звуков, в частных случаях биоакустической применимости сводится к анализу частотной координаты во времени (и по мощности), использует формализм нормированных частот в кластеризации [23]. Корреляционный анализ формантной структуры в вокализации млекопитающих носит также чисто частотный характер, опираясь на метрологию мгновенных частот, полос частот и поддиапазонов, частотной модуляции [24], учитывая при этом анализ автокорреляционной функции. Итог очевиден: при монопараметрическом (частотном) анализе кросс-корреляция спектрограмм в биоакустическом анализе уступает место целевой («таргетной») параметрике [25], а автоматизации *исследования* закономерностей приходит на смену автоматизация лишь только *идентификации при известных параметрах.*

2. Многофакторная биологическая интерпретация или только идентификация?

Проиллюстрируем это. Как известно к биоакустическим свистам в рамках достаточно распространенного программного обеспечения (такого, например, как ПО «Dolphin») могут применяться методы распознавания образов и, в сущности, семантического декодирования и групповой идентификации по этологическим характеристикам [26]. Это достаточно сложно и долго реализуемая задача, поэтому ей никто прицельно не занимается, не допуская мыслей о расширенном популяционном скрининге на биоакустической основе (зоопсихологическом и популяционно-генетическом с привязкой к расширенному фенотипу). Поэтому в новейших и наиболее популярных в силу простоты и публикационной эффективности продуктах данные возможности не акцентируются. Потребности в расширенном пуле переменных нет, если нет расширенных по отношению к стандартным подходам (решаемым имеющимся пулом) задач. Основная же часть современных методов кластеризации или нейросетевых методов и ПО для биоакустики базируется на субъективном подборе критериев первичным оператором, то есть так называемом «обучении с учителем», тогда как действительно объективное программное обеспечение для классификации должно работать по принципу «обучения без учителя», само подбирая фундаментальные критерии сличения. Отсутствие этой важнейшей особенности на данный момент является характерным качеством выполняемых биоакустических работ типа *ad hoc*: «после ручного выбора…мы обучили искусственную нейронную сеть автоматически собирать события из записей… с применением скрытых марковских моделей мы достигли по меньшей мере 70% правильной идентификации» [27], «объем репертуара был оценен сначала субъективно … (на основе слуховых и спектрографических паттернов) на одном из большого числа временных типов … для каждого типа вызова предварительной рассчитывали среднее значение … средние значения были использованы для кластеризации» [28], «элемент сигнала / песни определяется как наименьший (визуально) отличимый элемент спектрограммы» [29], «классификация нового образца осуществляется байесовским путем … эффективной оценки апостериорных вероятностей кластеризации … для классификации новых образов» [30] или «результаты показали типичный компромисс скорости по сравнению с точностью… лучший алгоритм был вставлен в подводной системы звукозаписи и обнаружения сигналов» [31]. Как можно ожидать объективного массированного анализа от сети, в которую закладываются на стадии её создания субъективно выбранные параметры с паллиативными / компромиссными значениями порогов по неполному массиву переменных, характеризующих сигнал? В самых прогрессивных работах, осуждающих непрактичность идентификации «на слух», в которых предлагаются средства автоматического обнаружения, основанные не только на временных и спектральных свойствах, но и на свойствах секвенций, то есть последовательностей сигналов

[32], работа ЭВМ принципиально не отличается от работы человеческого уха и восприятия – так как, также, как и последние не различает фазовые и другие специальные особенности или дескрипторы сигнала в отличных от частоты и интенсивности переменных. В объективных, с точки зрения энергетического подхода работах, специально указывающих, в частности, что «большинство работ по автоматизированному опознанию осуществлялось под наблюдением – зависело от подготовки данных, размеченных человеком» [33] и что в оптимальном случае нужен «неконтролируемой подход без меточной предподготовки данных» [Ibid] критерием и единственными переменными анализа *ab initio* являются амплитуда, частота и время; то есть кластеризация идет в максимально антропоморфном и даже антропомиметическом режиме.

В случае кепстральной обработки [34], дело немного меняется: мы получаем несколько новых переменных, однако они дублируют известные в соответствии с потребностями новой идеологии анализа. Этими переменными, по определению (дефинитивно) являются «saphe» – аналог фазы и кепстральное время или «quefrency». В любом биоакустическом сигнале есть принципиально экстрагируемая информация о фазе, но в большинстве методов, как это было указано, ею пренебрегают. Аналогичный нюанс срабатывает в случае кепстрального анализа биоакустического сигнала. Фазовая информация извлекается и фазовый спектр формируется в случае комплексных кепстров (в особенности – при восстановлении изначальных сигналов из свертки), что является синонимом метода гомоморфной деконволюции или гомоморфной фильтрации [35,36]. Известен также небезынтересный факт, что для минимально-фазовых сигналов кепстральные спектральные коэффициенты могут быть получены непосредственно из оценки спектра мощности и только в этом случае кепстры и комплексные кепстры выдают фактически эквивалентные результаты, что обусловлено тем, что оба метода базируются на обратном FFT-преобразовании (обратном преобразовании Фурье) логарифмического спектра мощности. Таким образом, кепстральный анализ в случае биоакустической обработки может давать не более и не менее информации, чем реализованный по всему массиву переменных, включая фазу, спектральный анализ. Тем не менее, просмотр имеющихся в настоящее время коммерческих продуктов – таких, как программно-аппаратные комплексы «AVISOFT», часто используемые как наземными биоакустиками, так и гидроакустиками, но остановившиеся на стадии прогрессивно-расширенного цифрового сонографа [37,38], «SYRINX», «SCREECH» и других [39,40], а также многих иных представителей проприетарного софта (Adobe Audition, WaveLab), нередко используемых биоакустиками вместо специализированных программных средств, показывает, что функции вычисления фазового спектра, не говоря о более сложных методах обработки, в них, как правило, отсутствуют либо находятся в иллюстративном виде. Вероятно, как следствие этого, в большинстве просмотренных работ в тематическом тренде данные подходы также отсутствуют [41-48]. Давно внедренные низкобюджетные решения не решали проблему (в силу низкобюджетности ли?) [49], но и новые кроссплатформенные или UNIX-ориентированны / Linux-ориентированные программные решения с открытым кодом и свободной политикой распространения [50] не рассматривают «непопулярные» дескрипторы типа фазы и не имеют средств (или утилит) для анализа по отличным от человеческого слуха критериям.

<u>3. Хороши ли упрощенные подходы для фазово-сложных биоакустических сигналов?</u>

Упрощение моделей не проходит безнаказанно для их качества. Игнорирование фазы на стадии выбора переменных в биоакустическом анализе приводит к ряду парадоксов, которые сродни квантовой неопределенности и не могут быть устранены иначе, кроме как методами многокритериальной оптимизации, приводящими к паллиативным решениям – компромиссу, не выгодному с метрологической точки зрения (если, конечно, не возвратить фазу обратно в пределы рассмотрения). Понимая, что «вокализации животных не являются периодическими, частотно-модулированными сигналами», но ограничиваясь двумерным приближением, когда «тип сигнала одновременно изменяется в двух измерениях, времени и частоте» [51], Beecher, вопреки очевидному, не вводит дополнительные переменные, а постулирует формализм или, вернее, концепцию, при которой «спектрографические измерения сдерживаются "принципом неопределенности"» и «для повышения точности измерения в одном измерении, мы должны принести в жертву точность измерения в другом измерении» [Ibid]. Beecher делает логичный в рамках данного подхода вывод, что «компромисс неизбежен» и «для любого конкретного частотно-модулированного апериодического сигнала … имеется промежуточно-оптимальная настройка спектральной пропускной способности, равная квадратному корню, извлеченному из средней скорости изменения измеряемого сигнала» [Ibid]. Представляется рациональным, апеллируя к здравому смыслу, исключить принцип неопределенности из анализа сигналов с низкочастотными и вместе наблюдаемыми даже без сверхвысокоскоростных осциллографов характеристиками, однако для этого нужно обратиться к фазе и фазовому спектру. Известно, что в транзактной интерпретации, апеллирующей к принципу неопределенности, амплитуду определяет степень совпадения фаз. Даже если рассматривать биоакустический сигнал (что, надо сказать, в практическом контексте не имеет смысла) как волновую функцию, которая в классическом случае потенциала является мерой кинетической энергии, при инвариантном в данной таксономической или иной категории спектральном распределении это должно быть связано с изменением фазы волновой функции. Более того, понятие плотности кинетической энергии, отображающее изменение последней, дефинитивно включает в себя как изменение модуля, так и изменение фазы! Неочевидна необходимость внедрения неопределенности для анализа биоакустических сигналов и с позиций анализа с применением спектрографической цифровой кросс-корреляции (SPCC) [8], в которой одновременно анализируются и частота, и амплитуда, и время. Наиболее продвинутые версии SPCC, в частности – алгоритм SPCC-PCO [52], оперирующий как частотно-временной регистрограммой сигнала и его длительностью в рамках анализа главных компонент (анализ частотной координаты во времени методом PCA в биоакустике [23]), так и взвешенными гармоническими компонентами (т.е. параметриками гармоник, выражаясь на сленге звукооператоров-акустиков), позволяющими акцентировать, а не сглаживать различия между типами сигналов в n-мерном пространстве PCO, учитывает, точнее – должен учитывать, по определению, также и фазу. Общеизвестно, что энергообмен между гармониками зависит от соотношения фаз: в системе с частотной дисперсией фазовые скорости различны и соотношения между фазами изменяются с весьма высокой скоростью, не поддерживая нелинейные эффекты, возникающие при наличии фазового синхронизма. По очевидным причинам при изменении начала отсчета (времени регистрации биоакустических осциллограмм) будут изменяться начальные фазы гармоник, то есть фазовый спектр сигнала (фазовый спектр сигнала можно интерпретировать как совокупность именно начальных фаз всех гармоник), а амплитуды гармоник при этом останутся константными. То есть сигналы с эквивалентным амплитудным спектром у различных групп кластеризации могут отличаться со статистической достоверностью по неэквивалентным фазовым спектрам. Надо отметить, что использование фазового подхода при низких величинах квантования и дискретизации не имеет смысла, так как дискретность фазового пространства чревата артефактами измерений, а обычный джиттер цифровых регистрирующих и осциллографических систем дефинитивно представляет собой *фазовое* дрожание цифрового сигнала данных и визуализируется в виде сдвига по фазе между идеальным (или подающимся, или опорным) и реальным сигналом (по стандарту ITU-T G.810 принят также термин wander).

В этом смысле весьма оправданной является особенность ряда методов (в том числе – и вышеуказанного SPCC-PCO в его биоакустической экспликации [52]) анализировать шумы и отношения сигнал-шум, в том числе – по критерию гармонического взвешивания. Из первых принципов (*ab initio*) следует учитывать некоторые свойства фазовых шумов в электронных регистрирующих (напр., АЦП) и генерирующих (в т.ч. ЦАП) средствах. Известно, что между частотой и фазой наличествует математически-конкретная связь, вследствие чего принципы, формально описывающие девиацию частоты и фазы (в зависимости от времени или частоты в соответствующих координатах), физически взаимосвязаны, причем частоту рассматривают в этом случае как скорость изменения фазы. Фазовый сдвиг измеряют с частотной привязкой – в заданной полосе частот или конкретной отдельно-взятой боковой полосе. Особенностью шума, с точки зрения биоакустика, является содержание практически полного диапазона или стохастического множества фаз спектральных гармоник. Однако существуют, как известно, и подводные шумы, которые по фазочастотной характеристике, в большинстве регистраций, не снабженных артефактами, отличаются от биоакустических сигналов, однако и последние могут быть нераспознаваемыми шумами и артефактами записи. При мониторинге шумовых параметров океана [53] перманентно фиксируются различные источники шумов, которые как воздействуют на морскую фауну [54-56] (в том числе – и на её акустическую коммуникацию [57]), так и порождаются ею [58]. Ненаправленная регистрация звука не позволяет опознать источник шумов (вне зависимости от биогенной, геологической или техногенной природы), что напрямую следует также из одного из значений термина ambient. Поэтому в диагностике биоскустической среды ярко выражен тренд на совмещение идентификации источника звука (sound source species analysis) и определения его пространственной локализации по данным и с привязкой к данным его мульти-позиционных биоакустических измерений (sound mapping) [59]. Данные измерения производятся множеством различно локализованных микрофонов на известных дистанциях (microphone arrays) для компаративной дифференциальной обработки сигнала [60]. При этом фазовые шумы можно фильтровать согласованным фильтром. Однако принципы дифференциального компаративного анализа в microphone arrays непосредственно физически основываются на измерениях фазовой задержки, являясь, в элементарном случае, в чем-то аналогичными измерениям бинауральных характеристик слухового восприятия. Так как человеческое восприятие игнорирует фазовую информацию, над этим, как правило, мало кто работает специально, однако, если отойти от прямой аналогии к антропоцентрическому восприятию при конструировании и анализе в задачах биоакустики, то фазовая информация окажется весьма существенной. Так, характеристики фазовых спектров имеют существенное значение для восприятия у дельфинов, так как оно связано с бинауральной разностью фазы в точках слухового прохода и внутреннего уха, причем, более того, дельфинами используются фазовые диаграммы направленности при излучении и приеме для увеличения акустического контраста между интенсивностью эхо и звуковыми помехами [61,62]. Как известно, сложные акустически системы могут быть смоделированы с использованием цифровых фильтров, что позволяет моделировать и программировать большинство частотных и фазовых реакций при слуховом восприятии [63]. Поэтому физико-технических оснований для антропоморфизма в аспекте упрощения модели восприятия и фазовой биомиметической фильтрации сигнал-шум не имеется. Авторы работы [64] отмечают, что вовсе не у всех животных направленный слух основан только на различиях в амплитуде между ушами, а также что использование разности времени прихода сигнала между ними, понимаемой как фаза – достаточно распространенное и более устойчивое к деградации звука средство детектирования направленности, причем на естественных нейронных сетях такое распознавание (по дескриптору фазы) в эффективности не уступает амплитудному декодированию.

Можно привести множество примеров подобной биоакустической машинерии. Фазовые модели определения локализации импульса в нейросетевой имплементации известны давно [65]. В AER-анализе (auditory evoked response) нередко анализируют полярность отклика при переключении фазы на 180° и соответствующие задержки [66]. В [67] особо подчеркивается, что амплитудные сигналы деградируют быстрее, а организмы, которые используют фазовые способы перцепции, способны рациональнее ориентироваться в акустическом поле, причем даже тогда, когда амплитудная перцепция уже не даёт требуемой информации. Деградацию сигналов и их направленности при дисперсии в пространстве (это – причина возникновения беспорядка в ambient noise) успешнее преодолевают животные с перцепцией разности фаз. В случае ambient noise мелководья [68] при близости к отражающим поверхностям дна крайне существенное значение имеет распознавание фаз. Об этом не стоило бы говорить в контексте коммуникации, если бы не существовало некоторой корреляции между направленностью как физическим критерием (диаграммой направленности) и развитостью сенсорных параметров организма и его нервной организацией. Диаграммы направленности высших организмов [62, 69] более оптимизированы (в частности, у приматов сигнал излучается более всенаправлено, чем у человека как высшего по нейрофизиологическим критериям их представителя [69]). В случае разновидностей коммуникации с учетом диаграммы направленности фаза смещается из-за таких явлений, как отражение от поверхности (земли) и интерференции между прямой и поверхностной или отраженной волной. Это критически важно для передачи информации, что требует фазового анализа во избежание хаоса, основанного на эффектах реверберации и т.д. В частности, это актуально для морских млекопитающих. К сожалению, на них не велись многие исследования, проводившиеся с учетом фазы на других (более простых) организмах, но этологический смысл аналогии, учитывая импульсный характер фонации и тех, и других, можно продемонстрировать несколькими отстраненными примерами. Так, для H. versicolor фазово-некогерентные сигналы обладают меньшей аттракцией для самок, а 50% сдвиг фазы, что эквивалентно 180°, понижает эффективность коммуникации на 1/3 и даже на ½ сигнала [70]. С другой стороны, избегая акустического и механического резонанса, ряд организмов в естественных условиях при акустической сигнализации используют противофазные режимы генерации [71], а другие организмы используют резонанс как неотъемлемый и специфичный атрибут их биоакустики [72]. Таким образом, мониторинг биоразнообразия путем аналитики разнообразия биоакустической сигнализации [73] должен включать в себя фазовый анализ и фазовую спектроскопию сигнала. Биоакустической абсорбционной спектроскопии на основе изучения поглощения звука биомассой океана или иной среды можно придать определенное семантически-значимое и коммуникативно-интерпретируемое значение, применяя принципы фазового анализа и измерения направленности с использованием последнего [74]. Особенно это чувствительно для последней задачи при наличии не направленного шума – ambient noise океана, фиксируемого не только пассивными океаническими акустическим обсерваториями, но и корпускулярно-физическими установками, размещаемыми в океане [75,76]. Для любых ациклических стационарных условий, то есть, по крайней мере, для субтидальных систем (на уровне ниже приливно-отливной зоны) методы регистрации, архивации и анализа измерений биоакустических параметров, не требуя автоматики с обратной связью для корректирования уровня расположения регистрирующей системы, её детекторов в среде, реализуется просто, доступно и дешево [77].

<u>4. О пользе отказа от антропоморфного подхода к распознаванию биосигналов.</u>

Для того, чтобы производить анализ биоакустических сигналов с точки зрения систем и объектов, воспринимающих сигнал в реальных условиях, то есть биологических систем, мы должны перейти от антропоморфного подхода к биомиметическому анализу. Так как, как это было указано выше, многие морские организмы имеют фазовую чувствительность, спектры их регистрации должны быть не только амплитудными, но и фазовыми. Следует исходить из неупрощенных моделей, чтобы получать не искаженные упрощениями результаты. В связи с этим распределения, лежащие в основе классификаций, должны быть адекватны принципам разделения, которые лежат в основе межвидового и этологического опознания в природной среде (например, хищник / жертва или самец / самка / детеныш или агрессивный / латентный / нейтральный индивид и т.д.). Навязывать природе чисто дихотомические систематизации и, тем более, упрощенные формы распределений при фитинге (фитировании, подгонке данных) *ad hoc* – иррационально. Тем не менее, дихотомический сортинг является основной системой выбора в моделях биоакустического распознавания при наличии хищника [78], в программах для акустической идентификации членистоногих закладываются вероятностные нейронные сети и параметрическая оценка функции плотности вероятности с использованием гауссовых систем (по всем уровням иерархии – подотрядов, семейств, подсемейств, родов и видов) [79]. Даже в существенно биомиметических системах распознавания – когда классификаторы или средства программной кластеризации имитируют средства распознавания слуховых образов или эхолокационных систем (например – дельфинов [80]), причем используются достаточно адекватные биомиметические или нейромиметические алгоритмы (в том числе – алгоритмы генетического и эволюционного плана [80]), тем не менее – выбирают субъективные весовые функции, в частности – псевдогауссовского характера. Не учитывается специфика методов и принципов анализа относительно объектов, исходя из которой должны выбираться подходы к аппроксимации данных, т.е. фитированию к распределениям. Модели биоакустической или иной коммуникации адекватны поведенческим условиям среды. Следовательно, программы распознавания должны быть бихевиористически-адаптивны, чтобы правильно распознавать, а не подгонять данные. В элементарной прикладной статистике общеизвестно, что характер распределений зависит от типа событий (удачный или неудачный бросок хищника на жертву *ceteris paribus* – распределение Бернулли; число самок / самцов в популяции – биномиальное распределение; интервалы времени между пробегами конкретной добычи при подстерегании её хищником – экспоненциальное распределение; естественная популяционная смертность в связи с энергетическими причинами – распределение Гомперца; число фатальных мутаций в популяционной авторепродукции – распределение Пуассона; теория надежности в системах биофизического типа – распределение Вейбулла и т.д.). Поэтому и число событий (events) в биоакустическом случае нужно приурочивать и колокализационно-сопрягать с систематикой статистически соответствующих им распределений. При наличии правильной интерпретации и правильного прогнозирования событий на её эмпирической статистической основе можно производить статистический фингерпринтинг событий вместе со спектральным или другим метрологически-ориентированным фингерпринтингом характера или источника событий. По принципиальным качествам данный подход намного целесообразнее как фингерпринтинга в частотном пространстве (не несущего этологической и каузальной информации в принципе), так и статистически не адаптированного произвольного этологического исследования.

<u>Заключение.</u>

Таким образом, резюмируя, можно обобщить физически-целесообразную методологию анализа биоакустических сигналов в нативных условиях (в том числе – в режиме реального времени и за гранью «чисто акустического», то есть – слышимого или же воспроизводимого человеком диапазона [81]) в следующем виде. Автоматизированная система классификации на базе биоакустических показателей, точнее квалификация её пользователя не должна быть субъективной при использовании объективных данных:

I. Понимая биоакустическую сигнализацию как средство коммуникации (и межвидовой, и внутрипопуляционной) учитывать, как минимум, те характеристики биоакустического сигнала, который воспринимаются и используются в коммуникации или имеют какую-то иную информационную ценность (например – в случае биоакустической локации). В частности, логично использовать объективные единицы измерений (вместо условных и нормированных на человеческое восприятие) [82].

II. Осуществлять мониторинг характеристик не в том диапазоне, который регистрируется человеческим ухом или современными средствами низкочастотной звукозаписи, а в том диапазоне, до которого простираются реальные гармоники сигнала [83,84]. Если этому соответствуют новые дескрипторы, связанные с взаимодействием высокочастотных или низкочастотных компонент сигнала со средой, то – учитывать лежащие в их основании физические эффекты при моделировании распространения волн [85].

III. Исходить из свойств сигнала, а не особенностей обработки, так как внедрение в анализ чисто амплитудно-частотных характеристик вейвлетных репрезентаций и визуализации на базе скалеограмм (scaleogram, scalogram) вместо сонограмм [86,87], равно как ввод новых методов Фурье-анализа на базе эллиптических дескрипторов [88] или замещение метрологической частоты кепстральным временем (quefrency) в кепстральном анализе, вводя новые сущности, не приводит к появлению новой информации о сигнале. Можно сколько угодно усложнять системы обработки, однако системы сверток без экстракции новых переменных только понижают эвристическую ценность информации о сигнале. Поэтому нужно характеризовать сигнал также иными комплементарными параметрами – фазой, диаграммами направленности по разным переменным (в зависимости от того, какая из них наиболее объективно характеризует поток биоакустической информации) и т.д.

IV. Учитывать свойства объектов биоакустической коммуникации или же биоакустической эхолокации в схемах с обратными связями и как приемо-передающих систем. Развитие диаграмм направленности в ходе филогенеза шло вместе с развитием морфологической дифференциации организмов, что нельзя не учитывать.

V. Осуществлять не только простое распознавание (даже весьма мультипараметрическое), но и привязку к причинно-следственным связям и каузальной обусловливаемости того или иного типа сигналов у конкретного таксономически распознанного источника, что позволит отойти от простой идентификации (фингерпринтинга) к интерпретируемой в рамках этологической, экологической, нейрофизиологической и «бихевиористической» автоматизированной методологии исследовательской статистике.

VI. Учитывать шумы среды и уметь отделять шумы среды от шумов биологических систем, базируясь на фингерпринтинге их физических характеристик (технические шумы, имея достоверный физический характер, могут быть легко различимы: фликкер-шум есть $1/f$-шум; белый шум есть $1/f^{2}$-шум, частотный фликкер-модуляционный шум есть $1/f^{3}$-шум, случайная частотная модуляция при записи есть $1/f^{4}$-шум), в том числе – фазы и диаграмм направленности (см. выше относительно дефокусированности ambient noise). Многие биологические и небиологические источники шумов могут быть разделены как параметрически-различные также с помощью методов анализа энтропии зашумленного сигнала, используемых в различных областях [89-92], применимые к биоакустическим данным [93,94].

VII. Опираться на те виды модуляции сигнала, которые действительно используются теми или иными конкретными животными в биоакустической сигнализации, определяя их и с точки зрения организма-источника сигнала («передатчика»), и с точки зрения особи, воспринимающей сигнал («приемника»); то есть – не ограничиваться стандартной АМ и FM модуляцией в приближениях, описывающих биосигнал, как это стало популярно в последний период.

VIII. Не упрощая набор переменных, быть, однако, доступной и адаптивно-перестраиваемой оператором модульной системой (типа LabView) для исследований, а не для рутинных задач, позволяя ввести объективный и комплексный подход *in situ* одновременно [95].

<u>Литература</u>

1. Mbu Nyamsi, R.G., Aubin, T. and Brémond, J.C. (1994). On the extraction of some time dependent parameters of an acoustic signal by means of the analytic signal concept. Its application to animal sound study. *Bioacoustics* 5(3): 187-203.

2. C. Sturtivant and S. Datta (1998). Automatic dolphin whistle detection, extraction, encoding and classification. *Bioacoustics* 9(3): 234.

3. Arch McCallum (2002). Modelling interspecific differences in chickadee notes with a multiplicative AM model. *Bioacoustics* 13(1): 88-89.

4. P. McGregor (1991). Equipment review: LSI Speech workstation: a sound analysis package for IBM PCs. *Bioacoustics* 3(3):223-234.

5. G. Pavan (1992). A Portable PC-Based DSP Workstation for Bioacoustical Research. *Bioacoustics* 4(1): 65-66.

6. Gianni Pavan (1994). Low-cost real-time spectrographic analysis of sounds. *Bioacoustics* 6(1): 81.

7. K Otter, K., Njegovan, M., Naugler, C., Fotherington, J. & Ratcliffe, L. (1994). A simple technique for interactive playback experiments using a Macintosh Powerbook computer. *Bioacoustics* 5(4):303-308.

8. H. Khanna, S.L. Gaunt & D.A. McCallum (1997). Digital spectrographic cross-correlation: tests of sensitivity. *Bioacoustics* 7(3): 209-234.

9. M. Otto, W. Wegscheider (1990). New trends in teaching Analytical Chemistry: How to present COBAC (Computer Based Analytical Chemistry). *Fresenius' Journal of Analytical Chemistry* 337(2): 238-240.

10. M. Zangeneh, N. Doan, E. Sambriski, R.H. Terrill (2004). Surface plasmon spectral fingerprinting of adsorbed magnesium phthalocyanine by angle and wavelength modulation. *Appl Spectrosc.* 58(1): 10-17.

11. R. Neher, E. Neher (2004). Applying spectral fingerprinting to the analysis of FRET images. *Microsc. Res. Tech.* 64(2): 185-195.

12. D. Luthria, S. Mukhopadhyay, R. Robbins, J. Finley, G. Banuelos, J. Harnly (2008). UV spectral fingerprinting and analysis of variance-principal component analysis: a useful tool for characterizing sources of variance in plant materials. *JAFC* 56(14): 5457-5462.

13. D. Luthria, S. Mukhopadhyay, L. Lin, J. Harnly (2011). A comparison of analytical and data preprocessing methods for spectral fingerprinting. *Appl Spectrosc.* 65(3): 250-259.

14. A. Bergvall, T. Lofwander (2013). Spectral footprints of impurity scattering in graphene nanoribbons. *Phys. Rev. B* 87(20): 205431-1 – 205431-14.

15. K. Thilina, E. Hossain, M. Moghadari (2015) Cellular OFDMA Cognitive Radio Networks: Generalized Spectral Footprint Minimization. *IEEE Transactions on Vehicular Technology,* 64(7): 3190-3204.

16. D. Watts (1989). Sonograms from a personal computer. [abstract] *Bioacoustics* 2(2): 169

17. C. Catchpole (1990). Equipment Section: The Kay DSP sonograph. *Bioacoustics* 2(3): 253-255.

18. Evans, M.R. & Evans, J.A. (1994). A computer-based technique for the quantitative analysis of animal sounds. *Bioacoustics* 5(4): 281-290.

19. T. Aubin (1992). Some Features of Time-Frequency Analysis and Representation of Animal Vocalizations. *Bioacoustics* 4(1): 59-60.

20. J. Böhner & K. Hammerschmidt (1996). Computer-aided acoustic analysis of complex bird calls. *Bioacoustics* 6(4): 313-314.

21. L. Schrader & K. Hammerschmidt (1996). Computer-aided analysis of acoustic parameters: new possibilities of signal analysis. *Bioacoustics* 6(4): 307.

22. Charles R. Greene (1998). Requirements and resources for instrumentation and software useful in animal bioacoustics. *Bioacoustics* 9(2): 154-155

23. Arch McCallum and Melissa Vale (1998). Contour cross-correlation vs. principal components analysis of parameters as methods of estimating distance matrices of dolphin whistles. *Bioacoustics* 9(2): 157-158.

24. S. K. Darden, S. B. Pedersen and T.Dabelsteen. (2003). Methods of frequency analysis of a complex mammalian vocalisation. *Bioacoustics* 13(3): 247-263

25. Emily R.A. Cramer. (2013). Measuring consistency: spectrogram cross-correlation versus targeted acoustic parameters. *Bioacoustics* 22(3): 249-257

26. C. Sturtivant and S. Datta (1998). Dolphin whistle classification with the 'Dolphin' software. *Bioacoustics* 9(3): 224.

27. Zsebok, S; Czabán, D; Farkas, J (2012). Automatic acoustic identification of shrew species in the field – new potential monitoring techniques. *Bioacoustics* 21(1): 62-63.

28. Terhune, J.M., Burton, H. & Green, K. (1993). Classification of diverse call types using cluster analysis techniques. *Bioacoustics* 4(4): 245-258

29. Tanttu, J T, Turunen, J & Sirkiä, P (2012). A comparative study of bird song complexity measures. *Bioacoustics* 21(1): 82-83.

30. Thomas J. Hayward (1998). Statistical characterisation and classification of marine mammal sounds by multiple-resolution encoding of training data distributions. *Bioacoustics* 9(3): 223-224.

31. David A. Helweg (2002). Automatic detection and species identification of blue and fin whale calls. *Bioacoustics* 13(1): 96.

32. I. Agranat (2012). Classification algorithms for species identification in noisy environments. *Bioacoustics* 21(1): 25.

33. Zollinger, S A, Goller, F & Brumm, H (2012). The energetics of singing in noise-metabolic and respiratory costs of increasing song amplitude. *Bioacoustics* 21(1): 85.

34. G. Pavan, M. Priano, M. Manghi and C. Fossati (1998). Software tools for real-time IPI measurements on sperm whale sounds. *Bioacoustics* 9(3): 224-225.

35. R. W. Schafer (1969). Echo removal by discrete generalized linear filtering: MIT Res. Lab. Electron., Tech. Rep., No. 466, 126 p.

36. A. V. Oppenheim and R. W. Schafer (1968). Homomorphic analysis of speech. *IEEE Trans. Audio Electroacoust.* 16(2): 221-226.

37. J. Russ (2003). Equipment Review: Avisoft Recorder. *Bioacoustics* 13(3): 323-330.

38. Raimund Specht (1997). Analysis of ultrasound using Avisoft – sonagraph software. *Bioacoustics* 8(3-4): 276-277.

39. D.J. Mennill and L.M. Ratcliffe (2000). A field test of Syrinx sound analysis software in interactive playback. *Bioacoustics* 11(1): 77-86.

40. T.M. Peake, K.A. Otter, A.M.R. Terry and P.K. McGregor (2000). Screech: an interactive playback program for PCs. *Bioacoustics* 11(1): 69-75.

41. C. Blomqvist, M. Amundin, O. Kröling, P. Gunnarsson (1998). A new application to record and store directional, pulsed communication sounds in the bottlenose dolphin Tursiops truncatus. *Bioacoustics* 9(2): 159.

42. J.A. Carr, T.W. Cranford, W.G. Van Bonn, M.S. Chaplin, D.A. Carder, T. Kamolnick, S.H. Ridgway (1998). Video endoscopy of the dolphin sonar signal generator. *Bioacoustics* 9(2): 155.

43. Jeff Norris and W.E. Evans (1998). Advances in acoustic censusing of marine mammals. *Bioacoustics* 9(2): 158.

44. K. Lucke and A.D. Goodson (1998). Off-line acoustic analysis of dolphin echolocation behaviour. Bioacoustics 9(3): 226-227.

45. K. Kaschner, A.D. Goodson, P.R. Connelly and P.A. Lepper (1998). Acoustic species-characteristic features of communication signals of marine mammals: the potential of source level estimates for some free-ranging north Atlantic odontocetes. *Bioacoustic*s 9(3): 230-231.

46. Tomonari Akamatsu, Yoshimasa Narita, Takao Matsu-Ura (1998). Real-time click interval acquisition system for dolphin echolocation signals. *Bioacoustics* 9(3): 225.

47. E. J. Harland (1998). New technologies for marine mammal acoustic data capture. *Bioacoustics* 9(3): 221.

48. John E. Sigurdson (1998). Analysing the dynamics of dolphin biosonar behaviour during search and detection tasks. *Bioacoustics* 9(3): 222-223.

49. Gianni Pavan (1994). Low-cost real-time spectrographic analysis of sounds. *Bioacoustics* 6(1): 81.

50. M. A. Bee (2004). Equipment Review: Sound Ruler Acoustical Analysis: a free, open code, multi-platform sound analysis and graphing package. *Bioacoustics* 14(2):171-178.

51. Beecher, M.D. (1988). Spectrographic analysis of animal vocalizations: implications of the "uncertainty principle". *Bioacoustics* 1(2-3): 187-208.

52. K.A. Cortopassi & J.W. Bradbury (2000). The comparison of harmonically related rich sounds using spectrographic cross-correlation and principal components analysis. *Bioacoustics* 11(2): 89-127.

53. Antonio Codarin, Maurizio Spoto and Marta Picciulin (2008). One-Year Characterization of Sea Ambient Noise in a Coastal Marine Protected Area: a Management Tool for Inshore Marine Protected Areas. *Bioacoustics* 17(1-3): 24-26.

54. Scott A. Carr and Christine Erbe (2008). Assessing the Impact of Underwater Noise on Marine Fauna: a Software Tool. *Bioacoustics* 17(1-3): 241-243.

55. Douglas H. Cato (2008). Ambient Noise and Its Significance to Aquatic Life. *Bioacoustics* 17(1-3): 21-23.

56. Amy R. Scholik and Hong Y. Yan (2002). The effects of noise exposure on auditory sensitivity of fishes. *Bioacoustics* 13(2): 186-187.

57. Marco Lugli (2008). Role of Ambient Noise as a Selective Factor for Frequencies Used in Fish Acoustic Communication. *Bioacoustics* 17(1-3): 40-42.

58. M. Wahlberg (2008). Contribution of Biological Sound Sources to Underwater Ambient Noise Levels. *Bioacoustics* 17(1-3): 30-32.

59. Teruyo Oba (2002). A bioacoustic approach to diagnosing environments: a combination of the sound source species analysis and sound map. *Bioacoustics* 13(2): 190.

60. David R. Wilson, Matthew Battiston, John Brzustowski, Daniel J. Mennill. (2014). Sound Finder: a new software approach for localizing animals recorded with a microphone array. *Bioacoustics* 23(2): 99-112

61. G.L. Zaslavskiy (1998). Double-click representation in the dolphin auditory system. *Bioacoustics* 9(3): 226.

62. V. A. Ryabov and G. L. Zaslavsky (2002). Monaural hearing of a bottlenosed dolphin. *Bioacoustics* 13(1): 100.

63. Menne, D. (1989). Digital filters in auditory physiology. *Bioacoustics* 2(2): 87-115.

64. Axel Michelsen, Ole Næsbye Larsen (2012). Directional hearing and strategies for sound communication. *Bioacoustics* 21(1): 17-19.

65. R.C. Eaton, J.L. Casagrand and G.I. Cummins (2002). Neural Implementation of the Phase Model for Localising Impulse Sounds by the Mauthner System. *Bioacoustics* 12(2-3): 209-212.

66. Darja Ribaric and Friedrich Ladich (2002). Auditory evoked responses in insects: a non-invasive method for measuring hearing sensitivity in butterflies. *Bioacoustics* 13(2): 199.

67. A. Michelson & K. Rohrseitz (1997). Sound localisation in a habitat: An analytical approach to quantifying the degradation of directional cues. *Bioacoustics* 7(4): 291-313.

68. C.A. Radford, A.G. Jeffs, C.T. Tindle and J.C. Montgomery (2008). Ambient Noise in Shallow Temperate Waters around Northeastern New Zealand. *Bioacoustics* 17(1-3): 26-28.

69. Brown, C.H. (1989). The measurement of vocal amplitude and vocal radiation pattern in blue monkeys and grey-cheeked mangabeys. *Bioacoustics* 1(4): 253-271.

70. Joshua J. Schwartz & Vincent T. Marshall (2006). Forms of Call Overlap and Their Impact on Advertisement Call Attractiveness to Females of the Gray Treefrog Hyla versicolor. *Bioacoustics* 16(1): 39-56.

71. G. Pavan, M. Priano, P. De Carli, A Fanfani & M. Giovannotti (1997). Stridulatory organ and ultrasonic emission in certain species of Ponerine ants. *Bioacoustics* 8(3-4): 209-221.

72. A.G. Daws, H.C. Bennet-Clark and N.H. Fletcher (1996). The mechanism of tuning of the mole cricket singing burrow. *Bioacoustics* 7(2): 81-117.

73. T. Oba (1996). Monitoring biodiversity through natural sound diversity. *Bioacoustics* 6(4): 303.

74. Orest Diachok (2002). Bioacoustic Absorption Spectroscopy: Estimation of the Biomass of Fish with Swimbladders. *Bioacoustics* 12(2-3):271-274.

75. Khosrow Lashkari & S. Lowder (1998). Ocean acoustic observatory for passive monitoring of the ocean. *Bioacoustics* 9(3): 221-222.

76. G. Pavan, G. Riccobene, G. Cosentino, F. Speziale and C. Distefano (2002). INFN NEMO Test Platform: an opportunity for a long-term study of ocean noise and biological sounds in the Mediterranean Sea. *Bioacoustic*s 13(2): 184-185.

77. D. Mellinger (1998). A low-cost, high-performance sound capture and archiving system for the subtidal zone. *Bioacoustics* 9(3): 222.

78. Elowson, A. and Hailman, J. (1991). Analysis of complex variation: dichotomous sorting of predator-elicited calls of the Florida scrub jay. *Bioacoustics* 3(4): 295-320.

79. T. Ganchev and I. Potamitis (2007). Automatic Acoustic Identification of Insects: the case of crickets and cicadas. *Bioacoustics* 16(3): 281-328.

80. Houser, D.S., Helweg, D.A., Moore, P.W.B. & Chellapilla, K. (2001). Optimizing models of dolphin auditory sensitivity using evolutionary computation. *Bioacoustics* 12(1): 57-78.

81. P. McGregor (1989). Equipment review: Appleton Ultrasound Floscan real-time spectrum analyser. *Bioacoustics* 2(1):79-81.

82. E. Nemeth (2004). Measuring the sound pressure level of the song of the screaming piha Lipaugus vociferans: one of the loudest birds in the world?. *Bioacoustics* 14(3): 225-228.

83. J. Vielliard (1993). Side-bands artefact and digital sound processing. *Bioacoustics* 5(1-2): 159-162.

84. L. Jackson (1996). Comment: Sidebands - artefacts or facts?. *Bioacoustics* 7(2):163-164.

85. Jérôme Sueur, Thierry Aubin and Caroline Simonis (2008). Equipment Review: Seewave, a free modular tool for sound analysis and synthesis. *Bioacoustics* 18(2): 213-226.

86. M. Wood, L. Casaretto, G. Horgan and A.D. Hawkin (2002). Discriminating Between Fish Sounds – a Wavelet Approach. Bioacoustics 12(2-3):337-339.

87. L. Spithoven, M. Eens, N. Koedam and C. De Mol (2002). Wavelet versus Fourier analysis of Philautus spp. croaking. *Bioacoustics* 13(2): 206.

88. Mathieu Lundy, Emma Teeling, Emma Boston, David Scott, Daniel Buckley, Paulo Prodohl, Ferdia Marnell & Ian Montgomery (2011). The shape of sound: elliptic Fourier descriptors (EFD) discriminate the echolocation calls of Myotis bats (M. daubentonii, M. nattereri & M. mystacinus). *Bioacoustics* 20(2): 101-116.

89. W.R. Klemm and C.J. Sherry (1981). Entropy measures of signal in the presence of noise: evidence for 'byte' versus 'bit' processing in the nervous system. *Experientia.* 37(1): 55-58.

90. R. Swanson and S.M. Swanson (1993). The effect of noise on entropy. *Acta Cr. D: Biol. Cr.* 49(1): 182-185.

91. B.C. Bag, S.K. Banik and D.S. Ray (2001). Noise properties of stochastic processes and entropy production. *Phys. Rev. E: Stat. Nonlin. Soft Matter Phys.* 64(2): 026110.

92. A. Borst (2003). Noise, not stimulus entropy, determines neural information rate. *Journ. Comput Neurosci.* 14(1): 23-31.

93. Maria Luisa da Silva (2002). Application of entropy to Rufous-bellied Thrush song. *Bioacoustics* 13(2): 176-177.

94. A.Kershenbaum (2014). Entropy rate as a measure of animal vocal complexity. *Bioacoustics* 23(3): 195-208.

95. P. Schon, B. Puppe & G. Manteuffel (1998). A sound analysis system based on LabVIEW applied to the analysis of suckling grunts of domestic pigs. *Bioacoustics* 9(2): 119-133.

YOUR KNOWLEDGE HAS VALUE

- We will publish your bachelor's and master's thesis, essays and papers

- Your own eBook and book - sold worldwide in all relevant shops

- Earn money with each sale

Upload your text at www.GRIN.com and publish for free